Vergleichende Betrachtungen über neuere geometrische Forschungen

Felix Klein

Alpha Editions

This edition published in 2022

ISBN : 9789356708013

Design and Setting By
Alpha Editions
www.alphaedis.com
Email - info@alphaedis.com

§.1. Gruppen von räumlichen Transformationen. Hauptgruppe. Aufstellung eines allgemeinen Problems.

Der wesentlichste Begriff, der bei den folgenden Auseinandersetzungen nothwendig ist, ist der einer *Gruppe* von räumlichen Aenderungen.

Beliebig viele Transformationen des Raumes[6] ergeben zusammengesetzt immer wieder eine Transformation. Hat nun eine gegebene Reihe von Transformationen die Eigenschaft, dass jede Aenderung, die aus den ihr angehörigen durch Zusammensetzung hervorgeht, ihr selbst wieder angehört, so soll die Reihe eine *Transformationsgruppe*[7] genannt werden.

Ein Beispiel für eine Transformationsgruppe bildet die Gesammtheit der Bewegungen (jede Bewegung als eine auf den ganzen Raum ausgeführte Operation betrachtet). Eine in ihr enthaltene Gruppe bilden etwa die Rotationen um einen Punct[8]. Eine Gruppe, welche umgekehrt die Gruppe der Bewegungen umfasst, wird durch die Gesammtheit der Collineationen vorgestellt. Die Gesammtheit der dualistischen Umformungen bildet dagegen keine Gruppe — denn zwei dualistische Umformungen ergeben zusammen wieder eine Collineation —, wohl aber wird wieder eine Gruppe erzeugt, wenn man die Gesammtheit der dualistischen mit der Gesammtheit der collinearen zusammenfügt[9].

Es gibt nun räumliche Transformationen, welche die geometrischen Eigenschaften räumlicher Gebilde überhaupt ungeändert lassen. Geometrische Eigenschaften sind nämlich ihrem Begriffe nach unabhängig von der Lage, die das zu untersuchende Gebilde im Raume einnimmt, von seiner absoluten Grösse, endlich auch von dem Sinne[10], in welchem seine Theile geordnet sind. Die Eigenschaften eines räumlichen Gebildes bleiben also ungeändert durch alle Bewegungen des Raumes, durch seine Aehnlichkeitstransformationen, durch den Process der Spiegelung, sowie durch alle Transformationen, die sich aus diesen zusammensetzen. Den Inbegriff aller dieser Transformationen bezeichnen wir als die *Hauptgruppe*[11] räumlicher Aenderungen; *geometrische Eigenschaften werden durch die Transformationen der Hauptgruppe nicht geändert.* Auch umgekehrt kann man sagen: *Geometrische Eigenschaften sind durch ihre Unveränderlichkeit gegenüber den Transformationen der Hauptgruppe characterisirt.* Betrachtet man nämlich den Raum einen Augenblick als unbeweglich etc., als eine starre Mannigfaltigkeit, so hat jede Figur ein individuelles Interesse; von den Eigenschaften, die sie als Individuum hat, sind es nur die eigentlich geometrischen, welche bei den Aenderungen der Hauptgruppe erhalten bleiben. Dieser hier etwas unbestimmt formulirte Gedanke wird im weiteren Verlaufe der Auseinandersetzung deutlicher erscheinen.

Streifen wir jetzt das mathematisch unwesentliche sinnliche Bild ab, und erblicken im Raume nur eine mehrfach ausgedehnte Mannigfaltigkeit, also, indem wir an der gewohnten Vorstellung des Punctes als Raumelement festhalten, eine dreifach ausgedehnte. Nach Analogie mit den räumlichen Transformationen reden wir von Transformationen der Mannigfaltigkeit; auch sie bilden *Gruppen.* Nur ist nicht mehr, wie im Raume, eine Gruppe vor den übrigen durch ihre Bedeutung ausgezeichnet; jede Gruppe ist mit jeder anderen gleichberechtigt. Als Verallgemeinerung der Geometrie entsteht so das folgende umfassende Problem:

Es ist eine Mannigfaltigkeit und in derselben eine Transformationsgruppe gegeben; man soll die der Mannigfaltigkeit angehörigen Gebilde hinsichtlich solcher Eigenschaften untersuchen, die durch die Transformationen der Gruppe nicht geändert werden.

In Anlehnung an die moderne Ausdrucksweise, die man freilich nur auf eine bestimmte Gruppe, die Gruppe aller linearen Umformungen, zu beziehen pflegt, mag man auch so sagen:

Es ist eine Mannigfaltigkeit und in derselben eine Transformationsgruppe gegeben. Man entwickele die auf die Gruppe bezügliche Invariantentheorie.

Dies ist das allgemeine Problem, welches die gewöhnliche Geometrie nicht nur, sondern namentlich auch die hier zu nennenden neueren geometrischen Methoden und die verschiedenen Behandlungsweisen beliebig ausgedehnter Mannigfaltigkeiten unter sich begreift. Was besonders betont sein mag, ist die Willkürlichkeit, die hinsichtlich der Wahl der zu adjungirenden Transformationsgruppe besteht, und die daraus fliessende und in diesem Sinne zu verstehende gleiche Berechtigung aller sich unter die allgemeine Forderung subsumirenden Betrachtungsweisen.

§.2. Transformationsgruppen, von denen die eine die andere umfasst, werden nach einander adjungirt. Die verschiedenen Typen geometrischer Forschung und ihr gegenseitiges Verhältniss.

Da die geometrischen Eigenschaften räumlicher Dinge durch *alle* Transformationen der Hauptgruppe ungeändert bleiben, so ist es an und für sich absurd, nach solchen Eigenschaften derselben zu fragen, bei denen dies nur gegenüber einem Theile dieser Transformationen der Fall ist. Diese Fragestellung wird indess berechtigt, ob auch nur *formal*, wenn wir die räumlichen Gebilde in ihrer Beziehung zu fest gedachten Elementen untersuchen. Betrachten wir z. B., wie in der sphärischen Trigonometrie, die räumlichen Dinge unter Auszeichnung eines Punctes. Dann ist zunächst die Forderung: die unter Adjunction der Hauptgruppe invarianten Eigenschaften nicht mehr der räumlichen Dinge an sich, sondern des von ihnen mit dem gegebenen Puncte gebildeten Systems zu entwickeln. Aber dieser Forderung können wir die andere Form ertheilen: Man untersuche die räumlichen Gebilde an sich hinsichtlich solcher Eigenschaften, welche ungeändert bleiben durch diejenigen Transformationen der Hauptgruppe, welche noch stattfinden können, wenn wir den Punct fest halten. Mit anderen Worten: Es ist dasselbe, ob wir die räumlichen Gebilde im Sinne der Hauptgruppe untersuchen und ihnen den gegebenen Punct hinzufügen, oder ob wir, ohne ihnen irgend ein Gegebenes hinzuzufügen, die Hauptgruppe durch die in ihr enthaltene Gruppe ersetzen, deren Transformationen den bez. Punct ungeändert lassen.

Es ist dies ein in der Folge häufig angewandtes Princip, das wir desshalb gleich hier allgemein formuliren wollen; etwa in der folgenden Weise:

Es sei eine Mannigfaltigkeit und zu ihrer Behandlung eine auf sie bezügliche Transformationsgruppe gegeben. Es werde das Problem vorgelegt, die in der Mannigfaltigkeit enthaltenen Gebilde hinsichtlich eines gegebenen Gebildes zu untersuchen. *So kann man entweder dem Systeme der Gebilde das gegebene hinzufügen, und es fragt sich dann nach den Eigenschaften des erweiterten Systems im Sinne der gegebenen Gruppe — oder, man lasse das System unerweitert, beschränke aber die Transformationen, die man bei der Behandlung zu Grunde legt, auf diejenigen in der gegebenen Gruppe enthaltenen, welche das gegebene Gebilde ungeändert lassen (und die nothwendig wieder eine Gruppe bilden). —*

Im Gegensatze zu der zu Anfang des Paragraphen aufgeworfenen Frage beschäftige uns nun die umgekehrte, die von Vornherein verständlich ist. Wir fragen nach denjenigen Eigenschaften räumlicher Dinge, welche bei einer Transformationsgruppe erhalten bleiben, die die Hauptgruppe als einen Theil umfasst. Jede Eigenschaft, die wir bei einer solchen Untersuchung finden, ist eine geometrische Eigenschaft des Dings an sich, aber das Umgekehrte gilt nicht. Bei der Umkehr tritt vielmehr das eben vorgetragene Princip in Kraft, wobei die Hauptgruppe nun die kleinere Gruppe ist. Wir erhalten so:

Ersetzt man die Hauptgruppe durch eine umfassendere Gruppe, so bleibt nur ein Theil der geometrischen Eigenschaften erhalten. Die übrigen erscheinen nicht mehr als Eigenschaften der räumlichen Dinge an sich, sondern als Eigenschaften des Systems, welches hervorgeht, wenn man denselben ein ausgezeichnetes Gebilde hinzufügt. Dieses ausgezeichnete Gebilde ist (soweit es überhaupt ein bestimmtes[12] ist) dadurch definirt, dass es, fest gedacht, dem Raume unter den Transformationen der gegebenen Gruppe nur noch die Transformationen der Hauptgruppe gestattet.

In diesem Satze beruht die Eigenart der hier zu besprechenden neueren geometrischen Richtungen und ihr Verhältniss zur elementaren Methode. Sie sind dadurch eben zu characterisiren, dass sie an Stelle der Hauptgruppe eine erweiterte Gruppe räumlicher Umformungen der Betrachtung zu Grunde legen. Ihr gegenseitiges Verhältniss ist, sofern sich ihre Gruppen einschliessen, durch einen entsprechenden Satz bestimmt. Dasselbe gilt von den verschiedenen hier zu betrachtenden Behandlungsweisen mehrfach ausgedehnter Mannigfaltigkeiten. Es soll dies nun an den einzelnen Methoden gezeigt werden, wobei denn die Sätze, die in diesem und dem vorigen Paragraphen allgemein hingestellt wurden, ihre Erläuterung an concreten Gegenständen finden.

§.3. Die projectivische Geometrie.

Jede räumliche Umformung, die nicht gerade der Hauptgruppe angehört, kann dazu benutzt werden, um Eigenschaften bekannter Gebilde auf neue Gebilde zu übertragen. So verwerthen wir die Geometrie der Ebene für die Geometrie der Flächen, die sich auf die Ebene abbilden lassen; so schloss man schon lange vor dem Entstehen einer eigentlichen projectivischen Geometrie von den Eigenschaften einer gegebenen Figur auf Eigenschaften anderer, die durch Projection aus ihr hervorgingen. Aber die projectivische Geometrie erwuchs erst, als man sich gewöhnte, die ursprüngliche Figur mit allen aus ihr projectivisch ableitbaren als wesentlich identisch zu erachten und die Eigenschaften, welche sich beim Projiciren übertragen, so auszusprechen, dass ihre Unabhängigkeit von der mit dem Projiciren verknüpften Aenderung in Evidenz tritt. Hiermit war denn der Behandlung im Sinne von §.1 *die Gruppe aller projectivischen Umformungen* zu Grunde gelegt und dadurch eben der Gegensatz zwischen projectivischer und gewöhnlicher Geometrie geschaffen.

Ein ähnlicher Entwicklungsgang, wie der hier geschilderte, kann bei jeder Art von räumlicher Transformation als möglich gedacht werden; wir werden noch öfter darauf zurückkommen. Er hat sich innerhalb der projectivischen Geometrie selbst noch nach zwei Seiten vollzogen. Die eine Weiterbildung der Auffassung geschah durch Aufnahme der *dualistischen* Umformungen in die Gruppe der zu Grunde gelegten Aenderungen. Für den heutigen Standpunct sind zwei einander dualistisch entgegenstehende Figuren nicht mehr als zwei unterschiedene sondern als wesentlich dieselben Figuren anzusehen. Ein anderer Schritt bestand in der Erweiterung der zu Grunde gelegten Gruppe collinearer und dualistischer Umformungen durch Aufnahme der bez. *imaginären* Transformationen. Dieser Schritt bedingt, dass man vorher den Kreis der eigentlichen Raumelemente durch Hinzunahme der imaginären erweitert habe — ganz dem entsprechend, wie die Aufnahme der dualistischen Umformungen in die zu Grunde gelegte Gruppe die gleichzeitige Einführung von Punct und Ebene als Raumelement nach sich zieht. Es ist hier nicht der Ort, auf die Zweckmässigkeit der Einführung imaginärer Elemente zu verweisen, durch welche allein der genaue Anschluss der Raumlehre an das einmal gewählte Gebiet algebraischer Operationen erreicht wird. Dagegen muss betont werden, dass der Grund für die

Einführung eben in der Betrachtung algebraischer Operationen, nicht aber in der Gruppe der projectivischen und dualistischen Umformungen liegt. So gut wir uns bei den letzteren auf reelle Transformationen beschränken können, da schon die reellen Collineationen und dualistischen Transformationen eine Gruppe bilden; — so gut können wir imaginäre Raumelemente einführen, auch wenn wir nicht auf projektivischem Standpuncte stehen, und sollen es, sofern wir principiell algebraische Gebilde untersuchen.

Wie man vom projectivischem Standpuncte aus die metrischen Eigenschaften aufzufassen hat, bestimmt sich nach dem allgemeinen Satze des vorangehenden Paragraphen. Die metrischen Eigenschaften sind als projectivische Beziehungen zu einem Fundamentalgebilde, dem unendlich fernen Kugelkreise[13], zu betrachten, einem Gebilde, das die Eigenschaft hat, nur durch diejenigen Transformationen der projectivischen Gruppe, die eben auch Transformationen der Hauptgruppe sind, in sich überzugehen. Der so schlechthin ausgesprochene Satz bedarf noch einer wesentlichen Ergänzung, die der Beschränkung der gewöhnlichen Anschauungsweise auf reelle Raumelemente (und reelle Transformationen) entspricht. Man muss dem Kugelkreise, um diesem Standpuncte gerecht zu werden, noch das System der rellen Raumelemente (Puncte) ausdrücklich hinzufügen; Eigenschaften im Sinne der elementaren Geometrie sind projectivisch entweder Eigenschaften der Dinge an sich oder Beziehungen zu diesem Systeme der reellen Elemente, oder zum Kugelkreise oder endlich zu beiden.

Es mag hier noch der Art gedacht werden, wie *v. Staudt* in seiner Geometrie der Lage[2] die projectivische Geometrie aufbaut — d. h. diejenige projectivische Geometrie, welche sich auf Zugrundelegung der Gruppe aller reeller projectivisch-dualistischer Umformung beschränkt[14].

Es ist bekannt, wie er dabei aus dem gewöhnlichen Anschauungsmaterial nur solche Momente herausgreift, die auch bei projectivischen Umformungen erhalten bleiben. Wollte man weiterhin zur Betrachtung auch metrischer Eigenschaften übergehen, so hätte man die letzteren geradezu als Beziehungen zum Kugelkreise einzuführen. Der so vervollständigte Gedankengang ist für die hier vorliegenden Betrachtungen insofern von grosser Bedeutung, als ein entsprechender Aufbau der Geometrie im Sinne jeder einzelnen der noch anzuführenden Methoden möglich ist.

§.4. Uebertragung durch Abbildung.

Ehe wir in der Besprechung der geometrischen Methoden, die sich neben die elementare und die projectivische Geometrie stellen, weiter gehen, mögen allgemein einige Betrachtungen entwickelt werden, die im Folgenden immer wieder vorkommen und zu denen die bisher berührten Dinge bereits hinreichend viele Beispiele liefern. Auf diese Erörterungen bezieht sich der gegenwärtige und der nächstfolgende Paragraph.

Gesetzt, man habe eine Mannigfaltigkeit A unter Zugrundelegung einer Gruppe B untersucht. Führt man sodann A durch irgendwelche Transformation in eine andere Mannigfaltigkeit A' über, so wird aus der Gruppe B von Aenderungen, die A in sich transformirten, nunmehr eine Gruppe B', deren Transformationen sich auf A' beziehen. Dann ist es ein selbstverständliches Princip, *dass die Behandlungsweise von A unter Zugrundelegung von B die Behandlungsweise von A' unter Zugrundelegung von B' ergibt*, d. h. jede Eigenschaft, welche ein in A enthaltenes Gebilde mit Bezug auf die Gruppe B hat, ergibt eine Eigenschaft des entsprechenden Gebildes in A' mit Bezug auf die Gruppe B'.

Lassen wir z. B. A eine gerade Linie, B die dreifach unendlich vielen linearen Transformationen bedeuten, welche dieselbe in sich überführen. Die Behandlungsweise von A ist dann eben diejenige, welche die neuere Algebra als Theorie der binären Formen bezeichnet. Nun kann man die gerade Linie auf einen Kegelschnitt A' der Ebene durch Protection von einem Puncte des letzteren aus beziehen. Aus den linearen Transformationen B der Geraden in sich selbst werden dann die linearen Transformationen B' des Kegelschnittes in sich selbst, wie man leicht zeigt, d. h. diejenigen Aenderungen des Kegelschnittes, welche mit den linearen Transformationen der Ebene, die den Kegelschnitt in sich überführen, verknüpft sind.

Es ist nun aber nach dem Princip des zweiten Paragraphen[15] dasselbe: nach der Geometrie auf einem Kegelschnitte zu fragen, wenn man sich den Kegelschnitt als fest denkt und nur auf diejenigen linearen Transformationen der Ebene achtet, welche ihn in sich überführen; oder die Geometrie auf dem Kegelschnitte zu studiren, indem man überhaupt die linearen Transformationen der Ebene betrachtet und sich den Kegelschnitt mit ändern lässt. Die Eigenschaften, welche wir an den Punctsystemen auf dem Kegelschnitte auffassten, sind mithin im gewöhnlichen Sinne projectivische. Die Verknüpfung der letzten Ueberlegung mit dem eben abgeleiteten Resultate gibt also:

Binäre Formentheorie und projectivische Geometrie der Punctsysteme auf einem Kegelschnitte ist dasselbe, d. h. jedem binären Satze entspricht ein Satz über derartige Punctsysteme und umgekehrt[16].

Ein anderes Beispiel, welches geeignet ist, diese Art von Betrachtungen zu veranschaulichen, ist das folgende: Wenn man eine Fläche zweiten Grades mit einer Ebene durch stereographische Projection in Verbindung setzt, so tritt auf der Fläche ein Fundamentalpunct auf: der Projectionspunct, in der Ebene sind es zwei: die Bilder der durch den Projectionspunct gehenden Erzeugenden. Man zeigt nun ohne Weiteres: Die linearen Transformationen der Ebene, welche die beiden Fundamentalpuncte derselben ungeändert lassen, gehen durch die Abbildung in lineare Transformationen der Fläche zweiten Grades in sich selbst über, aber nur in diejenigen, welche den Projectionspunct ungeändert lassen. Unter linearen Transformationen der Fläche in sich selbst sind dabei diejenigen Aenderungen verstanden, welche die Fläche erfährt, wenn man lineare Raumtransformationen ausführt, welche die Fläche mit sich selbst zur Deckung bringen. Hiernach wird also die projectivische Untersuchung einer Ebene unter Zugrundelegung zweier Puncte und die projectivische Untersuchung einer Fläche zweiten Grades unter Zugrundelegung eines Punctes identisch. Die erstere ist nun — sofern man imaginäre Elemente mit in Betracht zieht — nichts Anderes, als die Untersuchung der Ebene im Sinne der elementaren Geometrie. Denn die Hauptgruppe der ebenen Transformationen besteht eben in den linearen Umformungen, welche ein Punctepaar (die unendlich fernen Kreispuncte) ungeändert lassen. Wir erhalten also schliesslich:

Die elementare Geometrie der Ebene und die projectivische Untersuchung einer Fläche zweiten Grades unter Hinzunahme eines ihrer Puncte sind dasselbe.

Diese Beispiele liessen sich beliebig vervielfachen[17]; die beiden hier entwickelten sind gewählt worden, da wir in der Folge noch Gelegenheit haben werden, auf dieselben zurückzukommen.

§.5. Von der Willkürlichkeit in der Wahl des Raumelements. Das Hessesche Uebertragungsprincip. Die Liniengeometrie.

Als Element der geraden Linie, der Ebene, des Raumes, überhaupt einer zu untersuchenden Mannigfaltigkeit kann statt des Punctes jedes in der Mannigfaltigkeit enthaltene Gebilde: die Punctgruppe, ev. die Curve, die Fläche u. s. w. verwandt werden[18]. Indem über die Zahl willkürlicher Parameter, von denen man diese Gebilde abhängig setzen will, von Vornherein gar Nichts fest steht, erscheinen Linie, Ebene, Raum etc. je nach der Wahl des Elementes mit beliebig vielen Dimensionen behaftet. *Aber so lange wir der geometrischen Untersuchung dieselbe Gruppe von Aenderungen zu Grunde legen, bleibt der Inhalt der Geometrie unverändert,* das heißt, jeder Satz, der bei einer Annahme des Raumelements sich ergab, ist auch ein Satz bei beliebiger anderer Annahme, nur die Anordnung und Verknüpfung der Sätze ist geändert.

Das Wesentliche ist also die Transformationsgruppe; die Zahl der Dimensionen, die wir einer Mannigfaltigkeit beilegen wollen, erscheint als etwas Secundäres.

Die Verknüpfung dieser Bemerkung mit dem Princip des vorigen Paragraphen ergibt eine Reihe schöner Anwendungen, von denen hier einige entwickelt werden mögen, da diese Beispiele mehr als alle lange Auseinandersetzung geeignet scheinen, den Sinn der allgemeinen Betrachtung darzulegen.

Die projectivische Geometrie auf der Geraden (die Theorie der binären Formen) ist nach dem vorigen Paragraphen mit der projectivischen Geometrie auf dem Kegelschnitte gleichbedeutend. Auf letzterem mögen wir jetzt statt des Punctes das Punctepaar als Element betrachten

Die Gesammtheit der Punctepaare des Kegelschnitts lässt sich aber auf die Gesammtheit der Geraden der Ebene beziehen, indem man jede Gerade dem Punctepaare zuordnet, in welchem sie den Kegelschnitt trifft. Bei dieser Abbildung gehen die linearen Transformationen des Kegelschnitts in sich selbst in die linearen Transformationen der (aus Geraden bestehend gedachten) Ebene über, welche den Kegelschnitt ungeändert lassen. Ob wir aber die aus den letzteren bestehende Gruppe betrachten, oder die Gesammtheit der linearen Transformationen der Ebene zu Grunde legen und den zu untersuchenden Gebilden der Ebene den Kegelschnitt allemal hinzufügen, ist nach §.2 gleichbedeutend. Indem wir alle diese Ueberlegungen zusammen nehmen, haben wir:

Die Theorie der binären Formen und die projectivische Geometrie der Ebene unter Zugrundelegung eines Kegelschnittes sind gleichbedeutend.

Da endlich projectivische Geometrie der Ebene unter Zugrundelegung eines Kegelschnittes eben wegen der Gleichheit der Gruppe mit der projectivischen Maßgeometrie coincidirt, die man in der Ebene auf einen Kegelschnitt gründen kann[12], so mögen wir auch so sagen:

Die Theorie der binären Formen und die allgemeine projectivische Maßgeometrie in der Ebene sind dasselbe.

Statt des Kegelschnitts in der Ebene können wir in der vorstehenden Betrachtung die Curve dritter Ordnung im Raume setzen etc., doch mag dies unausgeführt bleiben. Der hier dargelegte Zusammenhang zwischen der Geometrie der Ebene, weiterhin des Raumes oder einer beliebig ausgedehnten Mannigfaltigkeit deckt sich im Wesentlichen mit dem von *Hesse* vorgeschlagenen Uebertragungsprincipe [7].

Ein Beispiel ganz ähnlicher Art ergibt die projectivische Geometrie des Raumes, oder, anders ausgedrückt, die Theorie der quaternären Formen. Fasst man die gerade Linie als Raumelement und ertheilt ihr, wie in der Liniengeometrie geschieht, sechs homogene Coordinaten, zwischen denen eine Bedingungsgleichung vom zweiten Grade Statt findet, so erscheinen die linearen und dualistischen Transformationen des Raumes als diejenigen linearen Transformationen der unabhängig gedachten sechs Veränderlichen, welche die Bedingungsgleichung in sich überführen. Durch eine

Verknüpfung ähnlicher Ueberlegungen, wie sie soeben entwickelt wurden, erhält man hieraus den Satz:

Die Theorie der quaternären Formen deckt sich mit der projectivischen Maßbestimmung in einer durch 6 homogene Veränderliche erzeugten Mannigfaltigkeit.

Wegen der näheren Ausführung dieser Auffassung verweise ich auf einen demnächst in den Math. Annalen (Bd. VI) erscheinenden Aufsatz: „Ueber die sogenannte Nicht-Euklidische Geometrie"[8], sowie auf eine Note am Schlusse dieser Mittheilung[20].

Ich knüpfe an die vorstehenden Auseinandersetzungen noch zwei Bemerkungen, von denen die erste zwar schon implicite in dem Bisherigen enthalten ist, aber ausgeführt werden soll, weil der Gegenstand, auf den sie sich bezieht, zu leicht Missverständnissen ausgesetzt ist.

Wenn wir beliebige Gebilde als Raumelemente einführen, so erhält der Raum beliebig viele Dimensionen. Wenn wir dann aber an der uns geläufigen (elementaren oder projectivischen) Anschauungsweise festhalten, so ist die Gruppe, welche wir für die mehrfach ausgedehnte Mannigfaltigkeit zu Grunde zu legen haben, von Vorne herein gegeben; es ist eben die Hauptgruppe bez. die Gruppe der projectivischen Umformungen. Wollten wir eine andere Gruppe zu Grunde legen, so müssten wir von der gewöhnlichen bez. der projectivischen Anschauung abgehen. So richtig es also ist, dass bei geschickter Wahl der Raumelemente der Raum Mannigfaltigkeiten von beliebig vielen Ausdehnungen repräsentirt, so wichtig ist es, hinzuzufügen, *dass bei dieser Repräsentation entweder von Vorneherein eine bestimmte Gruppe der Behandlung der Mannigfaltigkeit zu Grunde zu legen ist, oder dass wir, wollen wir über die Gruppe verfügen, unsere geometrische Auffassung entsprechend auszubilden haben.* — Es könnte, ohne diese Bemerkung, z. B. eine Repräsentation der Liniengeometrie in der folgenden Weise gesucht werden. Die Gerade erhält in der Liniengeometrie sechs Coordinaten; eben so viele Coefficienten besitzt der Kegelschnitt in der Ebene. Das Bild der Liniengeometrie würde also die Geometrie in einem Kegelschnittsysteme sein, das aus der Gesammtheit der Kegelschnitte durch eine quadratische Gleichung zwischen den Coefficienten ausgesondert wird. Das ist richtig, sowie wir als Gruppe der ebenen Geometrie die Gesammtheit der Transformationen zu Grunde legen, die durch lineare Umformungen der Kegelschnitts-Coefficienten repräsentirt werden, welche die quadratische Bedingungsgleichung in sich überführen. Halten wir aber an der elementaren bez. der projectivischen Auffassung der ebenen Geometrie fest, so haben wir eben *kein* Bild.

Die zweite Bemerkung bezieht sich auf folgende Begriffsbildung. Sei im Raume irgend eine Gruppe, etwa die Hauptgruppe gegeben. So wähle man ein einzelnes räumliches Gebilde, etwa einen Punct, oder eine Gerade, oder auch ein Ellipsoid etc. aus und wende auf dasselbe alle Transformationen der Hauptgruppe an. Man erhält dann eine mehrfach unendliche Mannigfaltigkeit mit einer Anzahl von Dimensionen, die im Allgemeinen gleich der Zahl der in der Gruppe enthaltenen willkürlichen Parameter ist, die in besonderen Fällen herabsinkt, wenn nämlich das ursprünglich gewählte Gebilde die Eigenschaft besitzt, durch unendlich viele Transformationen der Gruppe in sich übergeführt zu werden. Jede so erzeugte Mannigfaltigkeit heiße mit Bezug auf die erzeugende Gruppe ein *Körper*[21]. Wollen wir nun den Raum im Sinne der Gruppe untersuchen und dabei bestimmte Gebilde als Raumelemente auszeichnen, und wollen wir nicht, dass Gleichberechtigtes ungleichartig dargestellt werde, *so müssen wir die Raumelemente ersichtlich so wählen, dass ihre Mannigfaltigkeit entweder selbst einen Körper bildet oder in Körper zerlegt werden kann.* Von dieser evidenten Bemerkung soll später (§.9) eine Anwendung gemacht werden. Der Körper-Begriff selbst wird im Schlussparagraphen in Verbindung mit verwandten Begriffen noch einmal zur Sprache kommen.

§.6. Die Geometrie der reciproken Radien. Die Interpretation von x + iy.

Wir kehren mit diesem Paragraphen zur Besprechung der verschiedenen Richtungen der geometrischen Forschung zurück, wie sie in §§.2.3 begonnen wurde.

Als ein Seitenstück zu den Betrachtungsweisen der projectivischen Geometrie kann man in vielfacher Hinsicht eine Classe geometrischer Ueberlegungen betrachten, bei denen von der Umformung durch reciproke Radien fortlaufender Gebrauch gemacht wird. Es gehören hierher die Untersuchungen über die sog. Cycliden und anallagmatische Flächen, über die allgemeine Theorie der Orthogonalsysteme, ferner Untersuchungen über das Potential etc. Wenn man die in denselben enthaltenen Betrachtungen noch nicht gleich den projectivischen zu einer besonderen Geometrie zusammengefasst hat, *die dann als Gruppe die Gesammtheit derjenigen Umformungen zu Grunde zu legen hätte, welche durch Verbindung der Hauptgruppe mit der Transformation durch reciproke Radien entstehen*, so ist das wohl dem zufälligen Umstande zuzuschreiben, dass die genannten Theorien seither nicht im Zusammenhange dargestellt worden sind; den einzelnen Autoren, die in dieser Richtung arbeiteten, wird eine solche methodische Auffassung nicht fern gelegen haben.

Die Parallele zwischen dieser Geometrie der reciproken Radien und der projectivischen ergibt sich, sowie einmal die Frage nach einem Vergleiche vorhanden ist, von selbst, und es mag daher nur ganz im Allgemeinen auf die folgenden Puncte aufmerksam gemacht werden:

In der projectivischen Geometrie sind Punct, Gerade, Ebene die Elementar-Begriffe. Kreis und Kugel sind nur specielle Fälle von Kegelschnitt und Fläche zweiten Grades. Das unendlich Ferne der elementaren Geometrie erscheint als Ebene; das Fundamentalgebilde, auf welches sich die elementare Geometrie bezieht, ist ein unendlich ferner, imaginärer Kegelschnitt.

In der Geometrie der reciproken Radien sind Punct, Kreis und Kugel die Elementarbegriffe. Gerade und Ebene sind specielle Fälle der letzteren, dadurch charakterisirt, dass sie einen, im Sinne der Methode übrigens nicht weiter ausgezeichneten Punct, den unendlich fernen Punct enthalten. Die elementare Geometrie erwächst, so wie man diesen Punct fest denkt.

Die Geometrie der reciproken Radien ist einer Einkleidung fähig, welche sie neben die Theorie der binären Formen und die Liniengeometrie stellt, falls man die letzteren in der Weise behandelt, wie das im vorigen Paragraphen angedeutet wurde. Wir mögen zu diesem Zwecke die Betrachtung zunächst auf ebene Geometrie und also auf Geometrie der reciproken Radien in der Ebene[22] beschränken.

Es wurde bereits des Zusammenhangs gedacht, der zwischen der elementaren Geometrie der Ebene und der projectivischen Geometrie der mit einem ausgezeichneten Puncte versehenen Fläche zweiten Grades besteht (§.4). Sieht man von dem ausgezeichneten Puncte ab und betrachtet also die projectivische Geometrie auf der Fläche an sich, so hat man ein Bild der Geometrie der reciproken Radien in der Ebene. Denn man überzeugt sich leicht[23], dass der Transformationsgruppe der reciproken Radien in der Ebene vermöge der Abbildung der Fläche zweiten Grades die Gesammtheit der linearen Transformationen der letzteren in sich selbst entspricht. Man hat also:

Geometrie der reciproken Radien in der Ebene und projectivische Geometrie auf einer Fläche zweiten Grades ist dasselbe,

und ganz entsprechend:

Geometrie der reciproken Radien im Raume ist mit der projectivischen Behandlung einer Mannigfaltigkeit gleichbedeutend, die durch eine quadratische Gleichung zwischen fünf homogenen Veränderlichen dargestellt wird.

Die Raumgeometrie ist also durch die Geometrie der reciproken Radien in ganz dieselbe Verbindung mit einer Mannigfaltigkeit von vier Dimensionen gesetzt, wie vermöge der Liniengeometrie mit einer Mannigfaltigkeit von fünf Ausdehnungen.

Die Geometrie der reciproken Radien in der Ebene gestattet, sofern man nur auf *reelle* Transformationen achten will, noch nach einer anderen Seite eine interessante Darstellung, resp. Verwendung. Breitet man nämlich eine complexe Variable $x + iy$ in gewöhnlicher Weise in der Ebene aus, so entspricht ihren linearen Transformationen die Gruppe der reciproken Radien, mit der erwähnten Beschränkung auf das Reelle. Die Untersuchung der Functionen einer complexen Veränderlichen, die beliebigen linearen Transformationen unterworfen gedacht ist, ist aber nichts Anderes, als was bei einer etwas abgeänderten Darstellungsweise Theorie der binären Formen genannt wird. Also:

Die Theorie der binären Formen findet ihre Darstellung durch die Geometrie der reciproken Radien in der reellen Ebene, so zwar, dass auch die complexen Werthe der Variabeln repräsentirt werden.

Von der Ebene mögen wir, um in den gewohnteren Vorstellungskreis der projectivischen Umformungen zu gelangen, zur Fläche zweiten Grades aufsteigen. Da wir nur reelle Elemente der Ebene betrachteten, ist es nicht mehr gleichgültig, wie man die Fläche wählt; sie ist ersichtlich nicht geradlinig zu nehmen. Insbesondere können wir uns dieselbe — wie man das zur Interpretation einer complexen Veränderlichen auch sonst thut — als Kugelfläche denken und erhalten so den Satz:

Die Theorie der binären Formen complexer Variablen findet ihre Repräsentation in der projectivischen Geometrie der reellen Kugelfläche.

Ich habe mir nicht versagen mögen, in einer Note[24] noch auseinanderzusetzen, wie schön dieses Bild die Theorie der binären cubischen und biquadratischen Formen erläutert.

§.7. Erweiterungen des Vorangehenden. Lies Kugelgeometrie.

An die Theorie der binären Formen, die Geometrie der reciproken Radien und die Liniengeometrie, welche im Vorstehenden coordinirt und nur durch die Zahl der Veränderlichen unterschieden scheinen, lassen sich gewisse Erweiterungen knüpfen, die nun auseinandergesetzt werden mögen. Dieselben sollen einmal dazu beitragen, den Gedanken, dass die Gruppe, welche die Behandlungsweise gegebener Gebiete bestimmt, beliebig erweitert werden kann, an neuen Beispielen zu erläutern; dann aber ist namentlich die Absicht gewesen, Betrachtungen, welche *Lie* in einer neueren Abhandlung niedergelegt hat[25], in ihrer Beziehung zu den hier vorgetragenen Ueberlegungen darzulegen. Der Weg, auf welchem wir zu *Lie*s Kugelgeometrie gelangen, weicht insofern von dem von *Lie* eingeschlagenen ab, als *Lie* an liniengeometrische Vorstellungen anknüpft, während wir, um uns mehr der gewöhnlichen geometrischen Anschauung anzuschliessen und im Zusammenhange mit dem Vorhergehenden zu bleiben, bei den bez. Auseinandersetzungen eine geringere Zahl von Veränderlichen voraussetzen. Die Betrachtungen sind, wie bereits *Lie* selbst hervorgehoben hat (Göttinger

Nachrichten 1871. N. 7, 22 [11]) von der Zahl der Variabeln unabhängig. Sie gehören dem grossen Kreise von Untersuchungen an, welche sich mit der projectivischen Untersuchung quadratischer Gleichungen zwischen beliebig vielen Veränderlichen beschäftigen, Untersuchungen, die wir bereits öfter berührt haben und die uns noch wiederholt begegnen werden (vergl. §.10 u. a.)

Ich knüpfe an den Zusammenhang an, der zwischen der reellen Ebene und der Kugelfläche durch stereographische Projection hergestellt wird. Wir setzten bereits in §.5 die Geometrie der Ebene mit der Geometrie auf einem Kegelschnitte in Verbindung, indem wir der Geraden der Ebene das Punctepaar zuordneten, in welchem sie den Kegelschnitt trifft. Entsprechend können wir einen Zusammenhang zwischen der Raumgeometrie und der Geometrie auf der Kugel aufstellen, indem wir jeder Ebene des Raumes den Kreis zuordnen, in welchem sie die Kugel schneidet. Uebertragen wir dann durch stereographische Projection die Geometrie auf der Kugel von derselben auf die Ebene, wobei jeder Kreis in einen Kreis übergeht, so entsprechen einander also:

- die Raumgeometrie, welche als Element die Ebene, als Gruppe diejenigen linearen Transformationen benutzt, welche eine Kugel in sich überführen;
- die ebene Geometrie, deren Element der Kreis, deren Gruppe die Gruppe der reciproken Radien ist.

Die erstere Geometrie wollen wir nun nach zwei Seiten verallgemeinern, indem wir statt ihrer Gruppe eine umfassendere setzen. Die resultirende Erweiterung überträgt sich dann durch die Abbildung ohne Weiteres auf ebene Geometrie.

Statt der linearen Transformationen des aus Ebenen bestehenden Raumes, welche die Kugel in sich überführen, liegt es nahe, entweder die Gesammtheit der linearen Transformationen des Raumes, oder die Gesammtheit der Ebenen-Transformationen des Raumes zu wählen, welche die Kugel ungeändert lassen, indem wir das eine Mal von der Kugel, das andere Mal von dem linearen Character der anzuwendenden Transformationen absehen. Die erste Verallgemeinerung ist ohne Weiteres verständlich und wir mögen sie also zuerst betrachten und in ihrer Bedeutung für ebene Geometrie verfolgen; auf die zweite kommen wir hernach zurück, wobei es sich denn zunächst darum handelt, die allgemeinste betreffende Transformation zu bestimmen.

Die linearen Transformationen des Raumes haben die Eigenschaft gemein, Ebenenbüschel und Ebenenbündel wieder in solche überzuführen. Aber auf die Kugel übertragen ergibt das Ebenenbüschel ein Kreisbüschel, d. h. eine einfach unendliche Reihe von Kreisen mit gemeinsamen Schnittpunkten; das Ebenenbündel ergibt ein Kreisbündel, d. h. eine zweifach unendliche Schaar von Kreisen, die auf einem festen Kreise senkrecht stehen (dem Kreise, dessen Ebene die Polarebene des den Ebenen des geg. Bündels gemeinsamen Punctes ist). Den linearen Transformationen des Raumes entsprechen also auf der Kugel und weiterhin in der Ebene Kreistransformationen von der characteristischen Eigenschaft, Kreisbüschel und Kreisbündel in ebensolche überzuführen[26]. *Die ebene Geometrie welche die Gruppe der so gewonnenen Transformationen benutzt, ist das Bild der gewöhnlichen projectivischen Raumgeometrie.* Als Element der Ebene wird man in dieser Geometrie nicht den Punct benutzen können, da die Puncte für die gewählte Transformationsgruppe keinen Körper bilden (§.5), sondern man wird die Kreise als Elemente wählen.

Bei der zweiten Erweiterung, die wir nannten, gilt es zunächst die Frage nach der Art der bez. Transformationsgruppe erledigen. Es handelt sich darum, Ebenen-Transformationen zu finden, die aus jedem Ebenenbündel, dessen Scheitel auf der Kugel liegt, wieder ein solches Bündel machen. Wir mögen der kürzeren Ausdrucksweise wegen zunächst die Frage dualistisch umkehren und überdies einen Schritt in der Zahl der Dimensionen hinab gehen; wir wollen also nach Puncttransformationen der Ebene fragen, welche aus jeder Tangente eines gegebenen Kegelschnittes wiederum eine Tangente erzeugen. Zu dem Zwecke betrachten wir die Ebene mit ihrem Kegelschnitte als Bild einer Fläche zweiten Grades, die man von einem nicht auf ihr befindlichen Raumpuncte aus so auf die Ebene projicirt hat, dass der bez. Kegelschnitt die Uebergangscurve vorstellt. Den Tangenten des Kegelschnitts entsprechen die Erzeugenden der Fläche, und die Frage ist auf die andere zurückgeführt nach der Gesammtheit der Puncttransformationen der Fläche in sich selbst, bei denen die Erzeugenden Erzeugende bleiben.

Solcher Transformationen gibt es nun zwar beliebig unendlich viele: denn man braucht nur den Punct der Fläche als Durchschnitt der Erzeugenden zweierlei Art zu betrachten und jedes der Geraden-Systeme beliebig in sich zu transformiren. Aber unter den Transformationen sind insbesondere die linearen. Nur auf diese wollen wir achten. Hätten wir nämlich nicht mit einer Fläche, sondern mit einer mehrfach ausgedehnten Mannigfaltigkeit zu thun, die durch eine quadratische Gleichung repräsentirt wird, so blieben nur die linearen Transformationen, die anderen kämen in Wegfall[27].

Diese linearen Transformationen der Fläche in sich selbst ergeben, durch (nicht stereographische) Projection auf die Ebene übertragen, zweideutige Puncttransformationen, vermöge deren aus jeder Tangente des Kegelschnittes, der die Uebergangscurve bildet, allerdings wieder eine Tangente wird, aus jeder anderen Geraden aber im Allgemeinen ein Kegelschnitt, der die Uebergangscurve doppelt berührt. Es lässt sich diese

Transformationsgruppe passend characterisiren, wenn man auf den Kegelschnitt, der die Uebergangscurve bildet, eine projectivische Maßbestimmung gründet. Die Transformationen haben dann die Eigenschaft, Puncte, welche im Sinne der Maßbestimmung von einander eine Entfernung gleich Null haben, sowie Puncte, welche von einem anderen Puncte eine constante Entfernung haben, wieder in solche Puncte zu verwandeln.

Alle diese Betrachtungen lassen sich auf beliebig viele Variabeln übertragen, insbesondere also für die ursprüngliche Fragestellung, die sich auf die Kugel und die Ebene als Element bezog, verwerthen. Man kann dem Resultate dabei eine besonders anschauliche Form geben, weil der Winkel, den zwei Ebenen im Sinne der auf eine Kugel gegründeten projectivischen Maßbestimmung mit einander bilden, mit dem Winkel gleich ist, den ihre Durchschnittskreise mit der Kugel im gewöhnlichen Sinne mit einander bilden.

Wir erhalten also auf der Kugel und weiterhin auf der Ebene eine Gruppe von Kreistransformationen, welche die Eigenschaft haben, *Kreise, die einander berühren (einen Winkel gleich Null einschliessen), sowie Kreise, die einen anderen Kreis unter gleichem Winkel schneiden, in eben solche Kreise überzuführen.* In der Gruppe dieser Transformationen sind auf der Kugel die bez. linearen, in der Ebene die Transformationen der Gruppe der reciproken Radien enthalten.

Die auf diese Gruppe zu gründende Kreisgeometrie ist nun das Analogon zu der *Kugelgeometrie*, wie sie *Lie* für den Raum entworfen hat, und wie sie bei Untersuchungen über Krümmung der Flächen von ausgezeichneter Bedeutung scheint. Sie schliesst die Geometrie der reciproken Radien in demselben Sinne in sich, wie letztere wieder die elementare Geometrie. —

Die nunmehr gewonnenen Kreis-(Kugel-)Transformationen haben insbesondere die Eigenschaft, sich berührende Kreise (Kugeln) in eben solche überzuführen. Betrachtet man alle Curven (Flächen) als Umhüllungsgebilde von Kreisen (Kugeln), so werden in Folge dessen Curven (Flächen), die sich berühren, immer in wieder solche übergehen. Die fraglichen Transformationen gehören also in die Classe der später allgemein zu betrachtenden *Berührungstransformationen*, d. h. solcher Umformungen, bei denen Berührung von Punctgebilden eine invariante Beziehung ist. Die im vorliegenden Paragraphen zuerst erwähnten Kreistransformationen, denen man analoge Kugeltransformationen an die Seite stellen kann, sind keine Berührungstransformationen. —

Wurden vorstehend die zweierlei Erweiterungen nur an die Geometrie der reciproken Radien angeknüpft, so gelten dieselben in entsprechender Weise für Liniengeometrie, überhaupt für die projectivische Untersuchung einer durch eine quadratische Gleichung ausgeschiedenen Mannigfaltigkeit, wie bereits angedeutet wurde, hier aber nicht weiter ausgeführt werden soll.

§.8. Aufzählung weiterer Methoden, denen eine Gruppe von Puncttransformationen zu Grunde liegt.

Elementare Geometrie, Geometrie der reciproken Radien und auch projectivische Geometrie, sofern man von den mit Wechsel des Raumelements verknüpften dualistischen Umformungen absieht, subsumiren sich als einzelne Glieder unter die grosse Menge von denkbaren Betrachtungsweisen, welche überhaupt Gruppen von Puncttransformationen zu Grunde legen. Wir mögen hier nur die folgenden drei Methoden, die hierin mit den genannten übereinstimmen, hervorheben. Sind diese Methoden auch lange nicht in dem Maße, wie die projectivische Geometrie, zu selbständigen Disciplinen entwickelt, so treten sie doch deutlich erkennbar in den neueren Untersuchungen auf.

1. Die Gruppe der rationalen Umformungen.

Bei rationalen Umformungen muss wohl unterschieden werden, ob dieselben für *alle* Puncte des Gebietes, in welchem man operirt, also des Raumes oder der Ebene etc., rational sind, oder nur für die Puncte einer in dem Gebiete enthaltenen Mannigfaltigkeit, einer Fläche, einer Curve. Nur die ersteren sind zu verwenden, wenn es gilt, im bisherigen Sinne eine Geometrie des Raumes, der Ebene zu entwerfen; die letzteren gewinnen von dem hier gegebenen Standpuncte aus erst Bedeutung, wenn Geometrie auf einer gegebenen Fläche, Curve studirt werden soll. Dieselbe Unterscheidung gilt bei der sogleich anzuführenden Analysis situs.

Die seitherigen Untersuchungen, hier wie dort, haben sich aber wesentlich mit Transformationen der zweiten Art beschäftigt. Insofern dabei nicht die Frage nach der Geometrie auf der Fläche, der Curve war, es sich vielmehr darum handelte, Criterien zu finden, damit zwei Flächen, Curven in einander transformirt werden können, treten diese Untersuchungen aus dem Kreise der hier zu betrachtenden heraus. Der hier aufgestellte allgemeine Schematismus umspannt eben nicht die Gesammtheit mathematischer Forschung überhaupt, sondern er bringt nur gewisse Richtungen unter einen gemeinsamen Gesichtspunct.

Für eine Geometrie der rationalen Umformungen, wie sie sich unter Zugrundelegung der Transformationen der ersten Art ergeben muss, sind bis jetzt erst die Anfänge vorhanden. Im Gebiete erster Stufe, auf der geraden Linie, sind die rationalen Umformungen mit den linearen identisch und liefern also nichts Neues. In der Ebene kennt man freilich die Gesammtheit der rationalen Umformungen (der *Cremona*schen Transformationen), man weiss, dass sie sich durch Zusammensetzung quadratischer erzeugen lassen. Man kennt auch invariante Charactere der ebenen Curven: ihr Geschlecht, die Existenz der Moduln; aber eigentlich zu einer Geometrie der Ebene in dem hier gemeinten Sinne entwickelt sind diese Betrachtungen noch nicht. Im Raume ist die ganze Theorie noch erst im Entstehen begriffen. Von den rationalen Umformungen kennt man bis jetzt nur wenige und benutzt dieselben, um bekannte Flächen mit unbekannten durch Abbildung in Verbindung zu setzen. —

2. Die Analysis situs.

In der sog. Analysis situs sucht man das Bleibende gegenüber solchen Umformungen, die aus unendlich kleinen Verzerrungen durch Zusammensetzung entstehen. Auch hier muss man, wie bereits gesagt, unterscheiden, ob das ganze Gebiet, also etwa der Raum, als Object der Transformationen gedacht werden soll, oder nur eine aus ihm ausgesonderte Mannigfaltigkeit, eine Fläche. Die Transformationen der ersten Art sind es, die man einer Raumgeometrie würde zu Grunde legen können. Ihre Gruppe wäre wesentlich anders constituirt, als die bisher betrachteten es waren. Indem sie alle Transformationen umfasst, die sich aus reell gedachten unendlich kleinen Puncttransformationen zusammensetzen, trägt sie die principielle Beschränkung auf reelle Raumelemente in sich, und bewegt sich auf dem Gebiete der willkürlichen Function. Man kann diese Transformationsgruppe nicht ungeschickt erweitern, indem man sie noch mit den reellen Collineationen, die auch das unendlich Ferne modificiren, verbindet. —

3. Die Gruppe aller Puncttransformationen.

Wenn gegenüber dieser Gruppe keine Fläche mehr individuelle Eigenschaften besitzt, da jede in jede andere durch Transformationen der Gruppe übergeführt werden kann, so sind es höhere Gebilde, bei deren Untersuchung die Gruppe mit Vortheil Anwendung findet. Bei der Auffassung der Geometrie, wie sie hier zu Grunde gelegt ist, kann es gleichgültig sein, wenn diese Gebilde seither nicht sowohl als geometrische sondern nur als analytische betrachtet wurden, die gelegentlich geometrische Anwendung fanden, und wenn man bei ihrer Untersuchung Processe anwandte (wie eben beliebige Puncttransformationen), die man erst in neuerer Zeit bewusst als geometrische Umformungen aufzufassen begonnen hat. Unter diese analytischen Gebilde gehören vor allen die homogenen Differentialausdrücke, sodann auch die partiellen Differentialgleichungen. Bei der allgemeinen Discussion der letzteren scheint aber, wie in dem folgenden Paragraphen ausgeführt wird, die umfassendere Gruppe aller Berührungstransformationen noch vorteilhafter.

Der Hauptsatz, der in der Geometrie, welche die Gruppe aller Puncttransformationen zu Grunde legt, in Geltung ist, ist der, *dass eine Puncttransformation für eine unendlich kleine Partie des Raumes immer den Werth einer linearen Transformation hat.* Die Entwickelungen der projectivischen Geometrie haben also nun ihren Werth für das Unendlichkleine, und hierin liegt, mag sonst die Wahl der Gruppe bei Behandlung von Mannigfaltigkeiten willkürlich sein — *hierin liegt ein auszeichnender Character für die projectivische Anschauungsweise.*

Nachdem nun schon lange von dem Verhältnisse der Betrachtungsweisen, die einander einschliessende Gruppen zu Grunde legen, nicht mehr die Rede war, mag hier noch einmal ein Beispiel für die allgemeine Theorie des §.2 gegeben werden. Wir mögen uns die Frage vorlegen, wie denn vom Standpuncte „aller Puncttransformationen" projectivische Eigenschaften aufzufassen sind, wobei von den dualistischen Umformungen, die eigentlich mit zur Gruppe der projectivischen Geometrie gehören, abgesehen werden mag. Die Frage deckt sich dann mit der andern: durch welche Bedingung aus der Gesammtheit der Puncttransformationen die Gruppe der linearen ausgeschieden wird. Das Characteristische der letzteren ist, dass sie jeder Ebene eine Ebene zuordnen: sie sind diejenigen Puncttransformationen, vermöge deren die Mannigfaltigkeit der Ebenen (oder, was auf dasselbe hinaus kommt, der geraden Linien) erhalten bleibt. *Die projectivische Geometrie ist aus der Geometrie aller Puncttransformationen ebenso durch Adjunction der Mannigfaltigkeit der Ebenen zu gewinnen, wie die elementare Geometrie aus der projectivischen durch Adjunction des unendlich fernen Kugelkreises.* Insbesondere haben wir z. B. vom Standpuncte aller Puncttransformationen die Bezeichnung einer Fläche als einer algebraischen von einer gewissen Ordnung als eine invariante Beziehung zur Mannigfaltigkeit der Ebenen aufzufassen. Es wird dies recht deutlich, wenn man, mit *Grassmann*, die Erzeugung der algebraischen Gebilde an ihre lineale Construction knüpft.

§.9. Von der Gruppe aller Berührungstransformationen.

Berührungstransformationen sind zwar in einzelnen Fällen schon lange betrachtet; auch hat *Jacobi* bei analytischen Untersuchungen bereits von den allgemeinsten Berührungstransformationen Gebrauch gemacht; aber in die lebendige geometrische Anschauung wurden sie erst durch neuere Arbeiten von *Lie* eingeführt[28]. Es ist daher wohl nicht überflüssig, hier ausdrücklich auseinanderzusetzen, was eine Berührungstransformation ist, wobei wir uns, wie immer, auf den Punctraum mit seinen drei Dimensionen beschränken.

Unter einer Berührungstransformation hat man, analytisch zu reden, jede Substitution zu verstehen, welche die Variabel-Werthe x, y, z und ihre partiellen Differentialquotienten $dz / dx = p$, $dz / dy = q$ durch neue x', y',

z', p', q' ausdrückt. Dabei gehen, wie ersichtlich, sich berührende Flächen im Allgemeinen wieder in sich berührende Flächen über, was den Namen Berührungstransformation begründet. Die Berührungstransformationen zerfallen, wenn man vom Puncte als Raumelement ausgeht, in drei Classen: solche, die den dreifach unendlich vielen Puncten wieder Puncte zuordnen — das sind die eben betrachteten Puncttransformationen —, solche, die sie in Curven, endlich solche, die sie in Flächen überführen. Diese Eintheilung hat man insofern nicht als eine wesentliche zu betrachten, als bei Benutzung anderer dreifach unendlich vieler Raumelemente, etwa der Ebenen, allerdings wieder eine Theilung in drei Gruppen eintritt, die aber mit der Theilung, die unter Zugrundelegung der Puncte statt fand, nicht coincidirt.

Wenden wir auf einen Punct alle Berührungstransformationen an, so geht er in die Gesammtheit aller Puncte, Curven und Flächen über. In ihrer Gesammtheit erst bilden also Puncte, Curven und Flächen einen *Körper* unserer Gruppe. Man mag daraus die allgemeine Regel abnehmen, dass die formale Behandlung eines Problems im Sinne aller Berührungstransformationen (also etwa die sogleich vorzutragende Theorie der partiellen Differentialgleichungen) eine unvollkommene werden muss, sowie man mit Punct- (oder Ebenen-) Coordinaten operirt, da die zu Grunde gelegten Raumelemente eben keinen Körper bilden.

Alle in dem gen. Körper enthaltene Individuen als Raumelemente einzuführen, geht aber, will man in Verbindung mit den gewöhnlichen Methoden bleiben, nicht an, da deren Zahl unendlichfach unendlich ist. Hierin liegt die Notwendigkeit, bei diesen Betrachtungen nicht den Punct, nicht die Curve oder die Fläche, sondern das *Flächenelement*, d. h. das Werthsystem x, y, z, p, q als *Raumelement* einzuführen. Bei jeder Berührungstransformation wird aus jedem Flächenelemente ein neues; die fünffach unendlich vielen Flächenelemente bilden also einen Körper.

Bei diesem Standpuncte muss man Punct, Curve, Fläche gleichmässig als Aggregate von Flächenelementen auffassen, und zwar von zweifach unendlich vielen. Denn die Fläche wird von ∞^2 Elementen bedeckt, die Curve von ebenso vielen berührt, durch den Punct gehen ∞^2 hindurch. Aber diese zweifach unendlichen Aggregate von Elementen haben noch eine characteristische Eigenschaft gemein. Man bezeichne als *vereinigte Lage* zweier consecutiven Flächenelemente x, y, z, p, q und $x + dx, y + dy, z + dz, p + dp, q + dq$ die Beziehung, welche durch $dz - pdx - qdy = 0$ dargestellt wird. So sind Punct, Curve, Fläche übereinstimmend *zweifach unendliche Mannigfaltigkeiten von Elementen, deren jedes mit den einfach unendlich vielen ihm benachbarten vereinigt liegt.* Dadurch sind Punct, Curve, Fläche gemeinsam characterisirt, und so müssen sie auch, wenn man die Gruppe der

Berührungstransformationen zu Grunde legen will, analytisch repräsentirt werden.

Die vereinigte Lage consecutiver Elemente ist eine bei beliebiger Berührungstransformation invariante Beziehung. Aber auch umgekehrt können die Berührungstransformationen definirt werden *als diejenigen Substitutionen der fünf Veränderlichen* x, y, z, p, q, *vermöge deren die Relation* $dz - pdx - qdy = 0$ *in sich selbst übergeführt wird.* Der Raum ist also bei diesen Untersuchungen als eine Mannigfaltigkeit von fünf Dimensionen anzusehen und diese Mannigfaltigkeit hat man zu behandeln, indem man als Gruppe die Gesammtheit aller Transformationen der Variabeln zu Grunde legt, welche eine bestimmte Relation zwischen den Differentialen ungeändert lassen.

Gegenstand der Untersuchung werden in erster Linie diejenigen Mannigfaltigkeiten, welche durch eine oder mehrere Gleichungen zwischen den Variabein dargestellt werden, d. h. *die partiellen Differentialgleichungen erster Ordnung und ihre Systeme.* Eine Hauptfrage wird, wie sich aus den Mannigfaltigkeiten von Elementen, die gegebenen Gleichungen genügen, einfach, zweifach unendliche Reihen von Elementen ausscheiden lassen, deren jedes mit einem benachbarten vereinigt liegt. Auf eine solche Frage läuft z. B. die Aufgabe der Lösung einer partiellen Differentialgleichung erster Ordnung hinaus. Man soll — so kann man sie formuliren — aus den vierfach unendlich vielen Elementen, die der Gleichung genügen, alle zweifach unendlichen Mannigfaltigkeiten der bewussten Art ausscheiden. Insbesondere die Aufgabe der vollständigen Lösung nimmt jetzt die präcise Form an: man soll die vierfach unendlich vielen Elemente, die der Gleichung genügen, auf eine Weise in zweifach unendlich viele derartige Mannigfaltigkeiten zerlegen.

Ein Verfolg dieser Betrachtung über partielle Differentialgleichungen kann hier nicht in der Absicht liegen; ich verweise in Bezug hierauf auf die citirten *Lie*schen Arbeiten. Es sei nur noch hervorgehoben, dass für den Standpunct der Berührungstransformationen eine partielle Differentialgleichung erster Ordnung keine Invariante hat, dass jede in jede andere übergeführt werden kann, dass also namentlich die linearen Gleichungen nicht weiter ausgezeichnet sind. Unterscheidungen treten erst ein, wenn man zu dem Standpuncte der Puncttransformationen zurückgeht.

Die Gruppen der Berührungstransformationen, der Puncttransformationen, endlich der projectivischen Umformungen lassen sich in einer einheitlichen Weise characterisiren, die ich hier nicht unterdrücken mag[29]. Berührungstransformationen wurden bereits definirt als diejenigen Umformungen, bei denen die vereinigte Lage consecutiver Flächenelemente erhalten bleibt. Die Puncttransformationen haben dagegen die characteristische Eigenschaft, vereinigt gelegene consecutive Linienelemente in eben solche zu verwandeln: die linearen und dualistischen Transformationen endlich bewahren die vereinigte Lage consecutiver Connex-Elemente. Unter einem Connex-Elemente verstehe ich die Vereinigung eines Flächenelementes mit einem in ihm enthaltenen Linienelemente; consecutive Connexelemente heißen vereinigt gelegen, wenn nicht nur der Punct sondern auch das Linienelement des einen in dem Flächenelemente des anderen enthalten ist. Die (übrigens vorläufige) Bezeichnung: Connexelement bezieht sich auf die von *Clebsch* neuerdings[30] in die Geometrie eingeführten Gebilde, welche durch eine Gleichung dargestellt werden, die gleichzeitig eine Reihe Punct-, eine Reihe Ebenen- und eine Reihe Liniencoordinaten enthalten, und deren Analoga in der Ebene *Clebsch* als Connexe bezeichnet.

§.10. Ueber beliebig ausgedehnte Mannigfaltigkeiten.

Es wurde bereits wiederholt hervorgehoben, wie bei der Anknüpfung der bisherigen Auseinandersetzungen an die räumliche Vorstellung nur der Wunsch maßgebend war, die abstracten Begriffe durch Anlehnung an anschauliche Beispiele leichter entwickeln zu können. An und für sich sind die Betrachtungen von dem sinnlichen Bilde unabhängig und gehören dem allgemeinen Gebiete mathematischer Forschung an, das man als die Lehre von den ausgedehnten Mannigfaltigkeiten, oder (nach *Grassmann*) kurz als *Ausdehnungslehre* bezeichnet. Wie man die Uebertragung des Vorhergehenden vom Raume auf den blossen Mannigfaltigkeitsbegriff zu bewerkstelligen hat, ist ersichtlich. Es sei dabei nur noch einmal bemerkt, dass wir bei der abstracten Untersuchung, der Geometrie gegenüber, den Vortheil haben, die Gruppe von Transformationen, welche wir zu Grunde legen wollen, ganz willkürlich wählen zu können, während in der Geometrie eine kleinste Gruppe, die Hauptgruppe, von Vornherein gegeben war.

Wir mögen hier nur die folgenden drei Behandlungsweisen, und auch diese ganz kurz berühren.

1. Die projectivische Behandlungsweise oder die moderne Algebra (Invariantentheorie).

Ihre Gruppe besteht in der Gesammtheit der linearen und dualistischen Transformationen der zur Darstellung des Einzelnen in der Mannigfaltigkeit verwendeten Veränderlichen; sie ist die Verallgemeinerung der projectivischen Geometrie. Es wurde bereits hervorgehoben wie diese Behandlungsweise bei der Discussion des unendlich Kleinen in einer um eine Dimension mehr ausgedehnten Mannigfaltigkeit zur Verwendung kommt. Sie schliesst die beiden noch zu nennenden Behandlungsweisen in dem Sinne ein, als ihre Gruppe die bei jenen zu Grunde zu legende Gruppe umfasst.

2. Die Mannigfaltigkeit von constantem Krümmungsmaße.

Die Vorstellung einer solchen erwuchs bei *Riemann* aus der allgemeineren einer Mannigfaltigkeit, in der ein Differentialausdruck der Veränderlichen gegeben ist. Die Gruppe besteht bei ihm aus der Gesammtheit der Transformationen der Variabeln, welche den gegebenen Ausdruck ungeändert lassen. Von einer andern Seite kommt man zur Vorstellung einer Mannigfaltigkeit von constanter Krümmung, wenn man im projectivischen Sinne auf eine zwischen den Veränderlichen gegebene quadratische Gleichung eine Maßbestimmung gründet. Bei dieser Weise tritt gegenüber der *Riemann*schen die Erweiterung ein, dass die Variabeln als complex gedacht werden; man mag hinterher die Veränderlichkeit auf das reelle Gebiet beschränken. Hierher gehören die grosse Reihe von Untersuchungen, die wir in §§. 5, 6, 7 berührt haben.

3. Die ebene Mannigfaltigkeit.

Als ebene Mannigfaltigkeit bezeichnet *Riemann* die Mannigfaltigkeit von constantem verschwindenden Krümmungsmaße. Ihre Theorie ist die unmittelbare Verallgemeinerung der elementaren Geometrie. Ihre Gruppe kann, — wie die Hauptgruppe der Geometrie — aus der Gruppe der projectivischen dadurch ausgeschieden werden, dass man ein Gebilde fest hält, welches durch zwei Gleichungen, eine lineare und eine quadratische, dargestellt wird. Dabei hat man zwischen Reellem und Imaginärem zu unterscheiden, wenn man sich der Form, unter der die Theorie gewöhnlich dargestellt wird, anschliessen will. Hierher zu rechnen sind vor Allem die elementare Geometrie selbst, dann z. B. die in neuerer Zeit entwickelten Verallgemeinerungen der gewöhnlichen Krümmungstheorie u. s. w.

Schlussbemerkungen.

Zum Schlusse mögen noch zwei Bemerkungen ihre Stelle finden, die mit dem bisher Vorgetragenen in enger Beziehung stehen; die eine betrifft den Formalismus, durch welche man die begrifflichen Entwicklungen den Vorangehenden repräsentiren will, die andere soll einige Probleme kennzeichnen, deren Inangriffnahme nach den hier gegebenen Auseinandersetzungen als wichtig und lohnend erscheint.

Man hat der analytischen Geometrie häufig den Vorwurf gemacht, durch Einführung des Coordinatensystems willkürliche Elemente zu bevorzugen, und dieser Vorwurf trifft gleichmässig jede Behandlungsweise ausgedehnter Mannigfaltigkeiten, welche das Einzelne durch die Werthe von Veränderlichen characterisirt. War dieser Vorwurf bei der mangelhaften Art, mit der man namentlich früher die Coordinatenmethode handhabte, nur zu oft gerechtfertigt, so verschwindet er bei einer rationellen Behandlung der

Methode. Die analytischen Ausdrücke, welche bei der Untersuchung einer Mannigfaltigkeit im Sinne einer Gruppe entstehen können, müssen, ihrer Bedeutung nach, von dem Coordinatensysteme, insofern es zufällig gewählt ist, unabhängig sein, und es gilt nun, diese Unabhängigkeit auch *formal* in Evidenz zu setzen. Dass dies möglich ist und wie es zu geschehen hat, zeigt die moderne Algebra, in der der formale Invariantenbegriff, um den es sich hier handelt, am deutlichsten ausgeprägt ist. Sie besitzt ein allgemeines und erschöpfendes Bildungsgesetz für invariante Ausdrücke und operirt principiell nur mit solchen. Die gleiche Forderung soll man an die formale Behandlung stellen, auch wenn andere Gruppen, als die projectivische, zu Grunde gelegt sind. Denn der Formalismus soll sich doch mit der Begriffsbildung decken, mag man nun den Formalismus nur als präcisen und durchsichtigen Ausdruck der Begriffsbildung verwerthen, oder will man ihn benutzen, um an seiner Hand in noch unerforschte Gebiete einzudringen. —

Die Problemstellung, deren wir noch erwähnen wollten, erwächst durch einen Vergleich der vorgetragenen Anschauungen mit der sog. *Galois*schen Theorie der Gleichungen.

In der *Galois*schen Theorie, wie hier, concentrirt sich das Interesse auf *Gruppen* von Aenderungen. Die Objecte, auf welche sich die Aenderungen beziehen, sind allerdings verschieden; man hat es dort mit einer endlichen Zahl discreter Elemente, hier mit der unendlichen Zahl von Elementen einer stetigen Mannigfaltigkeit zu thun. Aber der Vergleich lässt sich bei der Identität des Gruppenbegriffes doch weiter verfolgen[31], und es mag dies hier um so lieber angedeutet werden, als dadurch die Stellung characterisirt wird, die man gewissen von *Lie* und mir begonnenen Untersuchungen[32] im Sinne der hier entwickelten Anschauungen zuzuweisen hat.

In der *Galois*schen Theorie, wie sie z. B. in *Serret*s Traité d'Algèbre supérieure[19] oder in C. *Jordan*s Traité des substitutions[20] dargestellt wird, ist der eigentliche Untersuchungsgegenstand die Gruppen- oder Substitutionstheorie selbst, die Gleichungstheorie fliesst aus ihr als eine Anwendung. Entsprechend verlangen wir eine *Transformationstheorie*, eine Lehre von den Gruppen, welche von Transformationen gegebener Beschaffenheit erzeugt werden können. Die Begriffe der Vertauschbarkeit, der Aehnlichkeit u. s. w. kommen, wie in der Substitutionstheorie, zur Verwendung. Als eine Anwendung der Transformationstheorie erscheint die aus der Zugrundelegung der Transformationsgruppen fliessende Behandlung der Mannigfaltigkeit.

In der Gleichungstheorie sind es zunächst die symmetrischen Functionen der Coefficienten, die das Interesse auf sich ziehen, sodann aber diejenigen Ausdrücke, welche, wenn nicht bei allen, so durch eine grössere Reihe von Vertauschungen der Wurzeln ungeändert bleiben. Bei der Behandlung einer

Mannigfaltigkeit unter Zugrundelegung einer Gruppe fragen wir entsprechend zunächst nach den Körpern (§.5), nach den Gebilden, die durch alle Transformationen der Gruppe ungeändert bleiben. Aber es gibt Gebilde, welche nicht alle aber einige Transformationen der Gruppe zulassen, und diese sind dann im Sinne der auf die Gruppe gegründeten Behandlung besonders interessant, sie haben ausgezeichnete Eigenschaften. Es kommt das also darauf hinaus, im Sinne der gewöhnlichen Geometrie symmetrische, reguläre Körper, Rotations- und Schraubenflächen auszuzeichnen. Stellt man sich auf den Standpunct der projectivischen Geometrie und verlangt insbesondere, dass die Transformationen, durch welche die Gebilde in sich übergehen, vertauschbar sein sollen, so kommt man auf die von *Lie* und mir in dem citirten Aufsatze[18] betrachteten Gebilde und auf das in §.6. desselben gestellte allgemeine Problem. Die dort in §§. 1, 3 gegebene Bestimmung aller Gruppen unendlich vieler vertauschbarer linearer Transformationen in der Ebene gehört als ein Theil in die soeben genannte allgemeine Transformationstheorie[33].

Noten.

I. Ueber den Gegensatz der synthetischen und analytischen Richtung in der neueren Geometrie.

Den Unterschied zwischen neuerer Synthese und neuerer analytischer Geometrie hat man zur Zeit nicht mehr als einen wesentlichen zu betrachten, da der gedankliche Inhalt sowohl als die Schlussweise sich auf beiden Seiten allmählich ganz ähnlich gestaltet haben. Daher wählen wir im Texte zur gemeinsamen Bezeichnung beider das Wort „projectivische Geometrie". Wenn die synthetische Methode mehr mit räumlicher Anschauung arbeitet und ihren ersten, einfachen Entwickelungen dadurch einen ungemeinen Reiz ertheilt, so ist das Gebiet räumlicher Anschauung der analytischen Methode nicht verschlossen, und man kann die Formeln der analytischen Geometrie als einen präcisen und durchsichtigen Ausdruck der geometrischen Beziehungen auffassen. Man hat auf der anderen Seite den Vortheil nicht zu unterschätzen, den ein gut angelegter Formalismus der Weiterforschung dadurch leistet, dass er gewissermaßen dem Gedanken vorauseilt. Es ist zwar immer an der Forderung festzuhalten, dass man einen mathematischen Gegenstand noch nicht als erledigt betrachten soll, so lange er nicht begrifflich evident geworden ist, und es ist das Vordringen an der Hand des Formalismus eben nur ein erster aber schon sehr wichtiger Schritt.

II. Trennung der heutigen Geometrie in Disciplinen.

Wenn man z. B. beachtet, wie der mathematische Physiker sich durchgängig der Vortheile entschlägt, die ihm eine nur einigermaßen ausgebildete projectivische Anschauung in vielen Fällen gewähren kann, wie auf der anderen Seite der Projectiviker die reiche Fundgrube mathematischer Wahrheiten unberührt lässt, welche die Theorie der Krümmung der Flächen aufgedeckt hat, so muss man den gegenwärtigen Zustand des geometrischen Wissens als recht unvollkommen und als hoffentlich vorübergehend betrachten.

III. Ueber den Werth räumlicher Anschauung.

Wenn wir im Texte die räumliche Anschauung als etwas Beiläufiges bezeichnen, so ist dies mit Bezug auf den rein mathematischen Inhalt der zu formulirenden Betrachtungen gemeint. Die Anschauung hat für ihn nur den Werth der Veranschaulichung, der allerdings in pädagogischer Beziehung sehr hoch anzuschlagen ist. Ein geometrisches Modell z. B. ist auf diesem Standpuncte sehr lehrreich und interessant.

Ganz anders stellt sich aber, die Frage nach dem Werthe der räumlichen Anschauung überhaupt. Ich stelle denselben als etwas selbständiges hin. Es gibt eine eigentliche Geometrie, die nicht, wie die im Texte besprochenen Untersuchungen, nur eine veranschaulichte Form abstracterer Untersuchungen sein will. In ihr gilt es, die räumlichen Figuren nach ihrer vollen gestaltlichen Wirklichkeit aufzufassen und (was die mathematische Seite ist) die für sie geltenden Beziehungen als evidente Folgen der Grundsätze räumlicher Anschauung zu verstehen. Ein Modell — mag es nun ausgeführt und angeschaut oder nur lebhaft vorgestellt sein — ist für diese Geometrie nicht ein Mittel zum Zwecke sondern die Sache selbst.

Wenn wir so, neben und unabhängig von der reinen Mathematik, Geometrie als etwas Selbständiges hinstellen, so ist das an und für sich gewiss nichts Neues. Es ist aber wünschenswerth, diesen Gesichtspunct ausdrücklich einmal wieder hervorzuheben, da die neuere Forschung ihn fast ganz übergeht. Hiermit hängt zusammen, dass umgekehrt die neuere Forschung selten dazu verwendet wurde, wenn es galt, gestaltliche Verhältnisse räumlicher Erzeugnisse zu beherrschen, und doch scheint sie gerade in dieser Richtung sehr fruchtbar.

IV. Ueber Mannigfaltigkeiten von beliebig vielen Dimensionen.

Dass der Raum, als Ort für Puncte aufgefasst, nur drei Dimensionen hat, braucht vom mathematischen Standpuncte aus nicht discutirt zu werden; ebenso wenig kann man aber vom mathematischen Standpuncte aus Jemanden hindern, zu behaupten, der Raum habe eigentlich vier, oder unbegränzt viele Dimensionen, wir seien aber nur im Stande, drei wahrzunehmen. Die Theorie der mehrfach ausgedehnten Mannigfaltigkeiten, wie sie je länger je mehr in den Vordergrund neuerer mathematischer Forschung tritt, ist, ihrem Wesen nach, von einer solchen Behauptung vollkommen unabhängig. Es hat sich in ihr aber eine Redeweise eingebürgert, die allerdings dieser Vorstellung entflossen ist. Man spricht, statt von den Individuen einer Mannigfaltigkeit, von den Puncten eines höheren Raumes etc. An und für sich hat diese Redeweise manches Gute, insofern sie durch Erinnern an die geometrischen Anschauungen das Verständniss erleichtert. Sie hat aber die nachtheilige Folge gehabt, dass in ausgedehnten Kreisen die Untersuchungen über Mannigfaltigkeiten mit beliebig vielen Dimensionen als solidarisch erachtet werden mit der erwähnten Vorstellung von der Beschaffenheit des Raumes. Nichts ist grundloser als diese Auffassung. Die betr. mathematischen Untersuchungen würden allerdings sofort geometrische Verwendung finden, wenn die Vorstellung richtig wäre, — aber ihr Werth und ihre Absicht ruht, gänzlich unabhängig von dieser Vorstellung, in ihrem eigenen mathematischen Inhalte.

Etwas ganz anders ist es, wenn *Plücker* gelehrt hat, den wirklichen Raum als eine Mannigfaltigkeit von beliebig vielen Dimensionen aufzufassen, indem man als Element des Raumes ein von beliebig vielen Parametern abhängendes Gebilde (Curve, Fläche etc.) einführt (vergl. §.5 des Textes).

Die Vorstellungsweise, welche das Element der beliebig ausgedehnten Mannigfaltigkeit als ein Analogon zum Puncte des Raumes betrachtet, ist wohl zuerst von *Grassmann* in seiner Ausdehnungslehre (1844, [17]) entwickelt worden. Bei ihm ist der Gedanke völlig frei von der erwähnten Vorstellung von der Natur des Raumes; letztere geht auf gelegentliche Bemerkungen von *Gauss* zurück und wurde durch *Riemann*s Untersuchungen über mehrfach ausgedehnte Mannigfaltigkeiten, in welche sie mit eingeflochten ist, in weiteren Kreisen bekannt.

Beide Auffassungsweisen — die *Grassmann*sche wie die *Plücker*sche — haben ihre eigentümlichen Vorzüge; man verwendet sie beide, zwischen ihnen abwechselnd, mit Vortheil.

V. Ueber die sogenannte Nicht-Euklidische Geometrie.

Die im Texte gemeinte projectivische Maßgeometrie coincidirt, wie neuere Untersuchungen gelehrt haben, dem Wesen nach mit der Maßgeometrie, welche unter Nicht-Annahme des Parallelen-Axioms entworfen werden kann und die zur Zeit unter dem Namen der Nicht-Euklidischen Geometrie vielfach besprochen und disputirt wird. Wenn wir im Texte diesen Namen überhaupt nicht berührt haben, so geschah es aus einem Grunde, der mit den in der vorstehenden Note gegebenen Auseinandersetzungen verwandt ist.

Man verknüpft mit dem Namen Nicht-Euklidische Geometrie eine Menge unmathematischer Vorstellungen, die auf der einen Seite mit eben so viel Eifer gepflegt als auf der anderen perhorrescirt werden, mit denen aber unsere rein mathematischen Betrachtungen gar Nichts zu schaffen haben. Der Wunsch, in dieser Richtung etwas zur Klärung der Begriffe beizutragen, mag die folgenden Auseinandersetzungen motiviren.

Die gemeinten Untersuchungen über Parallelentheorie haben mit ihren Weiterbildungen mathematisch nach zwei Seiten einen bestimmten Werth.

Sie zeigen einmal — und dieses ihr Geschäft kann man als ein einmaliges, abgeschlossenes betrachten —, dass das Parallelenaxiom keine mathematische Folge der gewöhnlich vorangestellten Axiome ist, sondern dass ein wesentlich neues Anschauungselement, welches in den vorhergehenden Untersuchungen nicht berührt wurde, in ihm zum Ausdruck gelangt. Aehnliche Untersuchungen könnte man und sollte man mit Bezug auf jedes Axiom nicht nur der Geometrie durchführen; man würde dadurch an Einsicht in die gegenseitige Stellung der Axiome gewinnen.

Dann aber haben uns diese Untersuchungen mit einem werthvollen mathematischen Begriffe beschenkt: dem Begriffe einer Mannigfaltigkeit von constanter Krümmung. Er hängt, wie bereits bemerkt und wie in §.10 des Textes noch weiter ausgeführt ist, mit der unabhängig von aller Parallelentheorie erwachsenen projectivischen Maßbestimmung auf das Innigste zusammen. Wenn das Studium dieser Maßbestimmung an und für sich hohes mathematisches Interesse bietet und zahlreiche Anwendungen gestattet, so kommt hinzu, dass sie die in der Geometrie gegebene Maßbestimmung als speciellen Fall (Gränz-fall) umfasst und uns lehrt, dieselbe von einem erhöhten Standpuncte aufzufassen.

Völlig unabhängig von den entwickelten Gesichtspunkten steht die Frage, welche Gründe das Parallelen-Axiom stützen, ob wir dasselbe als absolut gegeben — wie die Einen wollen — oder als durch Erfahrung nur approximativ erwiesen — wie die Anderen sagen — betrachten wollen. Sollten Gründe sein, das letztere anzunehmen, so geben uns die fragl. mathematischen Untersuchungen an die Hand, wie man dann eine exactere Geometrie zu construiren habe. Aber die Fragestellung ist offenbar eine philosophische, welche die allgemeinsten Grundlagen unserer Erkenntniss betrifft. Den Mathematiker *als solchen* interessirt die Fragestellung nicht, und er wünscht, dass seine Untersuchungen nicht als abhängig betrachtet werden von der Antwort, die man von der einen oder der anderen Seite auf die Frage geben mag.

VI. Liniengeometrie als Untersuchung einer Mannigfaltigkeit von constantem Krümmungsmaße.

Wenn wir Liniengeometrie mit der projectivischen Maßbestimmung in einer fünffach ausgedehnten Mannigfaltigkeit in Verbindung setzen, müssen wir beachten, dass wir in den geraden Linien nur die (im Sinne der Maßbestimmung) unendlich fernen Elemente der Mannigfaltigkeit vor uns haben. Es wird daher nöthig, zu überlegen, welchen Werth eine projectivische Maßbestimmung für ihre unendlich fernen Elemente hat, und das mag hier etwas auseinandergesetzt werden, um Schwierigkeiten, die sich sonst der Auffassung der Liniengeometrie als einer Maßgeometrie entgegen stellen, zu entfernen. Wir knüpfen diese Auseinandersetzungen an das anschauliche Beispiel, welches die auf eine Fläche zweiten Grades gegründete projectivische Maßbestimmung ergibt.

Zwei beliebig angenommene Puncte des Raumes haben in Bezug auf die Fläche eine absolute Invariante: ihr Doppelverhältniss zu den beiden Durchschnittspuncten ihrer Verbindungsgeraden mit der Fläche. Rücken aber die beiden Puncte auf die Fläche, so wird dies Doppelverhältniss unabhängig von der Lage der Puncte gleich Null, ausser in dem Falle, dass die beiden Puncte auf eine Erzeugende zu liegen kommen, wo es unbestimmt wird. Dies ist die einzige Particularisation, die in ihrer Beziehung eintreten kann, wenn sie nicht zusammenfallen, und wir haben also den Satz:

Die projectivische Maßbestimmung, welche man im Raume auf eine Fläche zweiten Grades gründen kann, ergibt für die Geometrie auf der Fläche noch keine Maßbestimmung.

Hiermit hängt zusammen, dass man durch lineare Transformationen der Fläche in sich selbst drei beliebige Puncte derselben mit drei anderen zusammenfallen lassen kann[34].

Will man auf der Fläche selbst eine Maßbestimmung haben, so muss man die Gruppe der Transformationen beschränken, und dies erreicht man, indem man einen beliebigen Raumpunct (oder seine Polarebene) festhält. Der Raumpunct sei zunächst nicht auf der Fläche gelegen. So projicire man die Fläche von dem Puncte auf eine Ebene, wobei ein Kegelschnitt als Uebergangscurve auftritt. Auf diesen Kegelschnitt gründe man in der Ebene eine projectivische Maßbestimmung, die man dann rückwärts auf die Fläche überträgt[35]. Dies ist eine eigentliche Maßbestimmung von constanter Krümmung und man hat also den Satz:

Auf der Fläche erhält man eine solche Maßbestimmung, sowie man einen ausserhalb der Fläche gelegenen Punct festhält.

Entsprechend findet man[36]:

Eine Maßbestimmung von verschwindender Krümmung erhält man auf der Fläche, wenn man für den festen Punct einen Punct der Fläche selbst wählt.

Für alle diese Maßbestimmungen auf der Fläche sind die Erzeugenden der Fläche Linien von verschwindender Länge. Der Ausdruck für das Bogenelement auf der Fläche ist also für die verschiedenen Bestimmungen nur um einen Factor verschieden. Ein absolutes Bogenelement auf der Fläche gibt es nicht. Wohl aber kann man von dem Winkel sprechen, den Fortschreitungsrichtungen auf der Fläche mit einander bilden. —

Alle diese Sätze und Betrachtungen können nun ohne Weiteres für Liniengeometrie benutzt werden. Für den Linienraum selbst existirt zunächst keine eigentliche Maßbestimmung. Eine solche erwächst erst, wenn wir einen linearen Complex fest halten, und zwar erhält sie constante oder verschwindende Krümmung, je nachdem der Complex ein allgemeiner oder ein specieller (eine Gerade) ist. An die Auszeichnung eines Complexes ist namentlich auch die Geltung eines absoluten Bogenelements geknüpft. Unabhängig davon sind die Fortschreitungsrichtungen zu benachbarten Geraden, welche die gegebene schneiden, von der Länge Null, und auch kann man von einem Winkel reden, den zwei beliebige Fortschreitungsrichtungen mit einander bilden[37].

VII. Zur Interpretation der binären Formen.

Es mag hier der übersichtlichen Gestalt gedacht werden, welche, unter Zugrundelegung der Interpretation von $x + iy$ auf der Kugelfläche, dem Formensysteme der cubischen und der biquadratischen binären Form ertheilt werden kann.

Eine cubische binäre Form f hat eine cubische Covariante Q, eine quadratische Δ, und eine Invariante R[38]. Aus f und Q setzt sich eine ganze Reihe von Covarianten sechsten Grades

$$Q^2 + \lambda \cdot Rf^2$$

zusammen, unter denen auch Δ^3 enthalten ist. Man kann zeigen[39], dass jede Covariante der cubischen Form in solche Gruppen von sechs Puncten zerfallen muss. Insofern λ complexe Werthe annehmen kann, gibt es zweifach unendlich viele derselben.

Das ganze so umgrenzte Formensystem kann auf der Kugel nun folgendermaßen repräsentirt werden. Durch geeignete lineare Transformation der Kugel in sich selbst bringe man die drei Puncte, welche f repräsentiren, in drei äquidistante Puncte eines grössten Kreises. Derselbe mag als Aequator bezeichnet sein; auf ihm haben die drei Puncte f die geographische Länge 0°, 120°, 240°. So wird Q durch die Puncte des Aequators mit der Länge 60°, 180°, 300°, Δ durch die beiden Pole vorgestellt.

Jede Form $Q^2 + \lambda R f^2$ ist durch 6 Puncte repräsentirt, deren geographische Breite und Länge, unter a und β beliebige Zahlen verstanden, in dem folgenden Schema enthalten ist:

$(a, \beta), (a, 120 + \beta), (a, 240 + \beta), (-a, -\beta), (-a, 120 - \beta), (-a, 240 - \beta)$

Verfolgt man diese Punctsysteme auf der Kugel, so ist es interessant, zu sehen, wie f und Q doppelt, Δ dreifach zählend aus denselben entsteht.

Eine biquadratische Form f hat eine ebensolche Covariante H, eine Covariante sechsten Grades T, zwei Invarianten i und j. Besonders zu bemerken ist die Schaar biquadratischer Formen $iH + \lambda jf$, die alle zu dem nämlichen T gehören, und unter denen die drei quadratischen Factoren, in welche man T zerlegen kann, doppelt zählend enthalten sind. —

Man lege jetzt durch den Mittelpunct der Kugel drei zu einander rechtwinklige Axen OX, OY, OZ. Ihre 6 Durchstosspuncte mit der Kugel bilden die Form T. Die 4 Puncte eines Quadrupels $iH + \lambda jf$ sind, unter x, y, z Coordinaten eines beliebigen Kugelpunctes verstanden, durch das Schema

x, y, z,

x, -y, -z,

-x, y, -z,

-x, -y, z

vorgestellt. Die vier Puncte bilden jedesmal die Ecken eines symmetrischen Tetraeders, dessen gegenüberstehende Seiten von den Axen des Coordinatensystems halbirt werden, wodurch die Rolle, welche T in der Theorie der biquadratischen Gleichungen als Resolvente von $iH + \lambda jf$ spielt, gekennzeichnet ist.

Erlangen im October 1872.